漫画万物由来 我们的食物

胡萝卜，超级棒！

云狮动漫 编著

四川少年儿童出版社

图书在版编目（CIP）数据

　　胡萝卜，超级棒！/ 云狮动漫编著. -- 成都：四
川少年儿童出版社，2020.6
　　（漫画万物由来. 我们的食物）
　　ISBN 978-7-5365-9787-7

　　Ⅰ. ①胡… Ⅱ. ①云… Ⅲ. ①胡萝卜—儿童读物
Ⅳ. ①S631.2-49

中国版本图书馆CIP数据核字(2020)第087820号

出 版 人：常　青
项目统筹：高海潮
责任编辑：程　骥
特约编辑：董丽丽
美术编辑：苏　涛
封面设计：章诗雅
绘　　画：张　扬
责任印制：王　春　袁学团

HULUOBO CHAOJI BANG
书　　名：胡萝卜，超级棒！
编　　著：云狮动漫
出　　版：四川少年儿童出版社
地　　址：成都市槐树街2号
网　　址：http://www.sccph.com.cn
网　　店：http://scsnetcbs.tmall.com
经　　销：新华书店
印　　刷：成都思潍彩色印务有限责任公司
成品尺寸：285mm×210mm
开　　本：16
印　　张：3
字　　数：60千
版　　次：2020年8月第1版
印　　次：2020年8月第1次印刷
书　　号：ISBN 978-7-5365-9787-7
定　　价：28.00元

目录

　　胡萝卜是我们平时经常见到的一种蔬菜。你是不是也常常在蔬菜沙拉、咖喱饭和炒菜中见到它呢？胡萝卜颜色鲜艳，味道甘甜。它艳丽的颜色不仅可以让菜肴看上去更诱人，滋味仿佛也更加可口。你知道吗？胡萝卜作为蔬菜，既可以生吃，又可以熟食，还可以做成罐头、榨成蔬菜汁，是不是功能很强大呢？

胡萝卜罐头

咖喱饭

蔬菜沙拉

那么，你知道我们吃的胡萝卜长在哪里吗？它长在这种植物的根部，埋在土壤中。圆锥形的根部上，长满了像胡须一样的根须。根部的上方是茎，茎上生长着羽状的小叶子。胡萝卜的花儿小小的、密密麻麻的，看起来像一把把白色的小花伞。花朵上结出的棕色小颗粒，就是胡萝卜繁衍生命的种子。

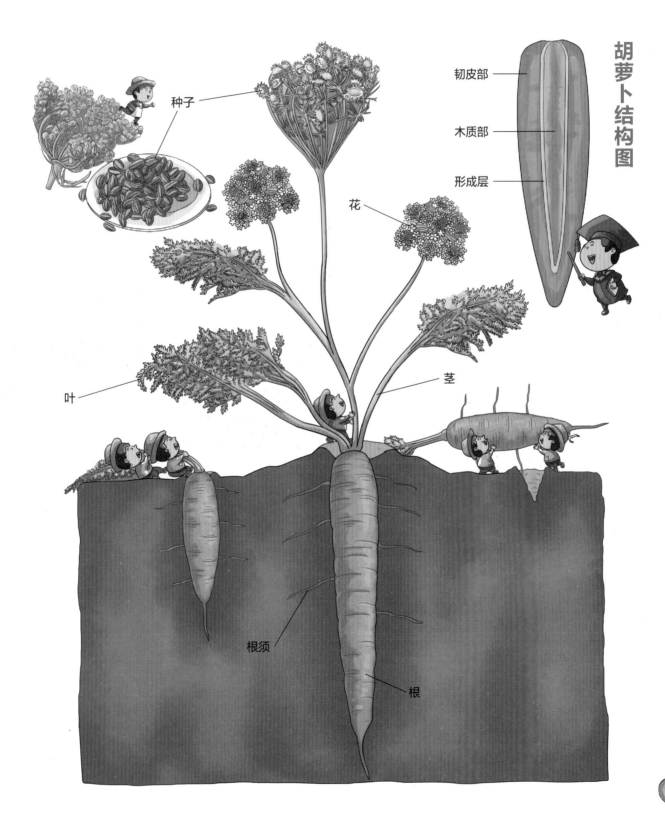

种子

花

叶

茎

根须

根

韧皮部

木质部

形成层

胡萝卜结构图

你一定想象不到，我们现在见到的胡萝卜，曾经是山间的一种野草！那么，它是如何从野草变成蔬菜的呢？它的故乡又在哪里？一起来看看吧！

干柴一样的野生胡萝卜

胡萝卜的故乡位于今天阿富汗的山岳地带，人们最早在那里发现了野生的胡萝卜。它如杂草般生长在山间野地，细细的根部看起来就像一根干柴，虽然可以食用，但是味道却不怎么好，有些辛辣。所以，人们最初只是把野生胡萝卜作为药用植物来栽培。

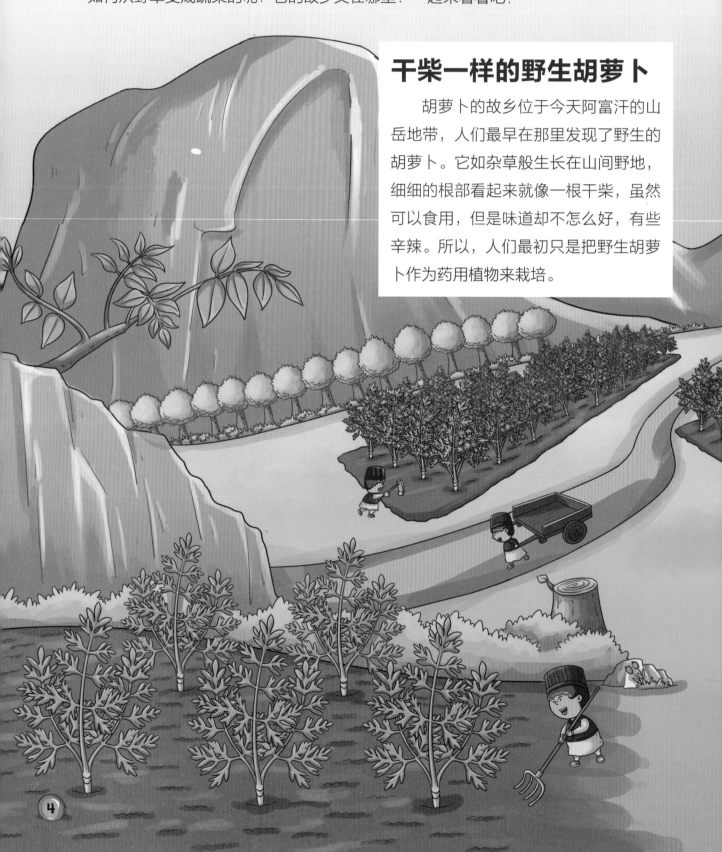

用作香料的胡萝卜种子

野生胡萝卜的种子有股很香的香气，所以人们把它当作香料来用。就像我们烧烤用的孜然粉一样，那时候的人们把胡萝卜种子捣碎，研磨成粉，撒在食物上，让食物变得更美味。

野生胡萝卜

阿富汗栽培的紫色胡萝卜

一提起胡萝卜的颜色，你是不是立刻就想到橙色或者红色？其实，最早的野生胡萝卜是白色或淡黄色的，根本不是今天的颜色。后来，在阿富汗一带，野生胡萝卜被驯化成了一种蔬菜胡萝卜。不过，这种胡萝卜的颜色却发生了很大的改变，不但外表是紫色的，里面也是紫色的，有时偶尔也会见到黄色的。所以说，紫色才是蔬菜胡萝卜最初的颜色。在公元 10 世纪，紫色胡萝卜在印度中东部地区以及欧洲广泛种植。一直到 16 世纪末，人类种植的胡萝卜都还是以紫色的为主。

荷兰人改造的橙色胡萝卜

今天我们见到的橙色胡萝卜是怎么来的呢? 这要感谢痴迷于橙色的荷兰人。出于对橙色的热爱, 17 世纪, 荷兰人从黄色胡萝卜中选育出了橙色胡萝卜。后来因为橙色胡萝卜产量又高又好吃, 再加上当时荷兰人和世界上许多国家做生意, 很快橙色胡萝卜便风靡开来! 慢慢地, 橙色就成为胡萝卜最常见的一种颜色了。

"二战"中的胡萝卜

　　20 世纪 40 年代以前，虽然胡萝卜被很多国家大量种植，但作为食物在欧洲却并不流行。尤其是在英国，人们不太喜欢它的味道，主要用它来喂养驴子、兔子等动物。直到"二战"期间，胡萝卜的地位才发生了翻天覆地的变化。

　　在当时的英国，由于德军封锁了海上通道，致使英国国内食物匮乏。此时，产量充足又廉价的胡萝卜就成为了理想的食物来源。为了让人们喜欢上吃胡萝卜，英国政府做了大量的推广宣传。一时之间，英国人不但将胡萝卜作为了主要食物，而且兴起了种植胡萝卜的热潮。这股热潮后来从英国蔓延了出去，胡萝卜作为一种营养丰富的食物被越来越多的人认可。

"二战"时很多英国人都在
自己的花园里种植胡萝卜

关于"胡萝卜保护视力"的宣传

"二战"时，为了应对德军的夜袭，英国政府经常进行大范围灯火管制，下方一片漆黑的城市让德军飞行员找不着北。而英国皇家空军则借助秘密研发的新型雷达，在黑暗中对德军战机实施精确打击。为保护军事机密不外泄，英军对媒体宣称，参战士兵之所以有绝佳的夜间视力，是因为他们都吃了大量胡萝卜。这样的说法既可以掩人耳目，又可以让英国人爱上胡萝卜。于是，胡萝卜能保护视力的说法广为流传。

这是"二战"时英国家喻户晓的卡通形象"胡萝卜医生"，英国政府通过这种有趣的方式来宣传胡萝卜的营养价值。

"二战"时，英国政府举办了各种胡萝卜比赛，鼓励人们创造出各种各样的胡萝卜食品。由于缺少糖，胡萝卜还作为糖的替代品，被广泛用在甜点中。胡萝卜布丁、胡萝卜蛋糕、胡萝卜果酱与胡萝卜汁等食品都曾在英国风行一时。

你知道吗？胡萝卜在"二战"时的英国还曾经被制作成胡萝卜棒，用来代替冰棍等零食。以至于那时出生的小孩，很多都不知道冰棍、雪糕为何物。

15 世纪左右传到欧洲各地

西洋胡萝卜

西线

欧洲

10~13 世纪

伊朗

阿富汗

原产地

胡萝卜传播路线

　　胡萝卜在今天风靡全球，到处都有它的踪迹。那么，它是怎样从原产地传至世界各地的呢？

　　原来，被驯化的蔬菜胡萝卜是从其原产地（今天的阿富汗）出发，沿着东西两条线路传播的。西线经伊朗一路传至欧洲，演化发展成短圆锥形胡萝卜，又称西洋胡萝卜；东线则向东传入中国，并在中国发展成长根形胡萝卜，又称东洋胡萝卜。日本在16 世纪时从中国引入了胡萝卜。

东洋胡萝卜

东线

13~14 世纪

中国

16~17 世纪

日本

小贴士 胡萝卜在日本为什么被叫作"人参"？

在胡萝卜传入日本之前，最先被日本人叫作"人参"的是用于中药的高丽参。当作为蔬菜的胡萝卜传入日本以后，人们认为它的叶子像野芹菜，根部形状像高丽参，于是便给它起名为"芹人参"。后来因胡萝卜营养丰富、味道可口，逐渐变成人们日常生活中的重要角色，于是人们干脆将其简称为"人参"。

胡萝卜

高丽参

胡萝卜千里迢迢到中国

玉门关

药材

蔬菜

变身为中国胡萝卜

宋、元时期，胡萝卜沿着"丝绸之路"传入中国。起初，人们只是把胡萝卜当作一种药用植物来记载，后来才把它作为一种蔬菜写入书中。在元朝时，中国已经开始种植胡萝卜。它起初多被种植在云南地区，后来渐渐遍及全国。经过多年的探索，聪明的中国人逐渐选育出黄、红两种颜色的长根形胡萝卜。这种胡萝卜又被称为东洋胡萝卜。

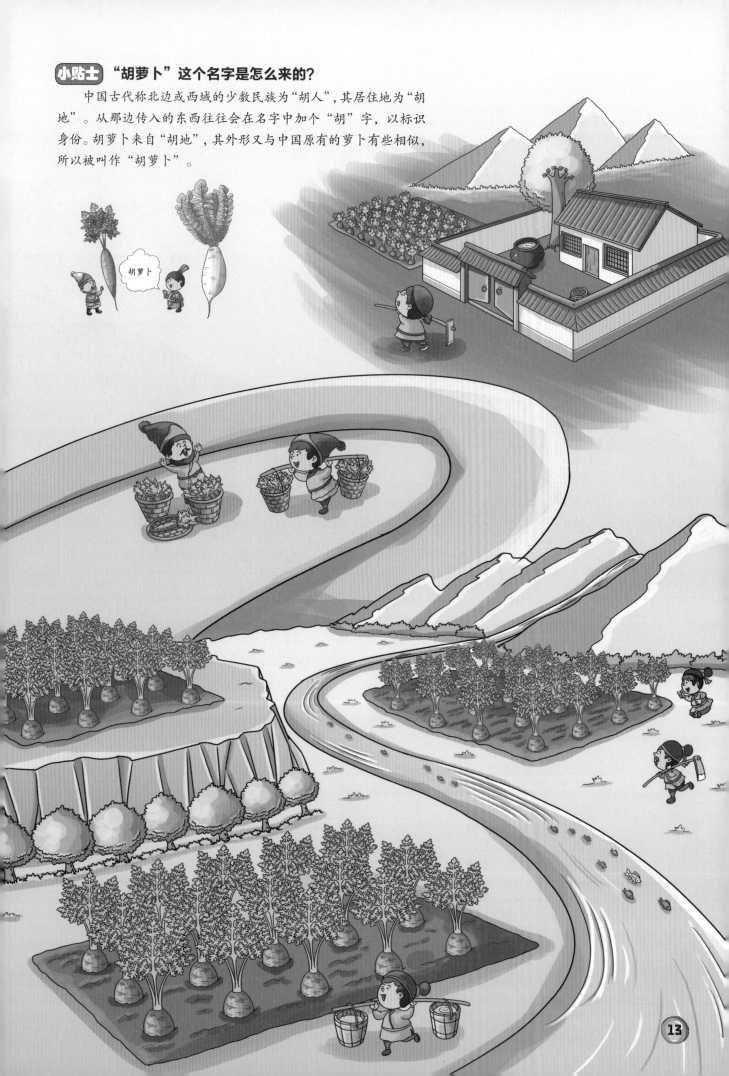

"胡萝卜"这个名字是怎么来的?

　　中国古代称北边或西域的少数民族为"胡人",其居住地为"胡地"。从那边传入的东西往往会在名字中加个"胡"字,以标识身份。胡萝卜来自"胡地",其外形又与中国原有的萝卜有些相似,所以被叫作"胡萝卜"。

胡萝卜

李时珍推崇的健康蔬菜

　　到了明、清时期，人们对胡萝卜的种植有了更多的经验。当时的长江流域已有稻菜两熟的种植模式，就是先种水稻，等水稻收割完后接着种蔬菜，这些蔬菜中就包括胡萝卜。但因为胡萝卜独特的味道，那时的人们对胡萝卜的食用兴趣并不大。

　　不过，我国明代著名医药学家李时珍，对于胡萝卜却推崇备至。李时珍精通草药知识，被誉为"药圣"。他特别注重食疗，主张通过合理调配饮食达到身体健康的目的。在诸多的食疗果蔬中，他很重视胡萝卜的养生功效。这其中还有一个有趣的民间传说。

李时珍在《本草纲目》中不仅记录了胡萝卜的药用价值，还推荐了一款胡萝卜粥的制作与食疗方法。胡萝卜粥可用于帮助食用者调理肠胃，增加食欲。

李时珍偶遇银发老翁的传说

有一次，李时珍去深山采药，偶遇一位在悬崖绝壁上采药的银发老翁。老翁鹤发童颜，手脚利落，令李时珍十分惊叹。原来，这位老翁是一位隐居深山的隐士，虽已年过百岁，却身板硬朗。李时珍向老翁请教长寿秘诀。老翁先是分享了自己的一些养生心得，最后又指了指背篓里同草药混杂在一起的胡萝卜，说："我常常吃它。"

这次会面给了李时珍很大启发。之后，他对胡萝卜做了仔细的研究，研判其药性药理。他发现，胡萝卜对人体健康十分有益，堪称"菜蔬之王"。他将他发现的胡萝卜的药用价值，全部写进了他的著作《本草纲目》里。

中国成为最大胡萝卜生产国

随着科技的进步，人们培育出了更多优质的胡萝卜品种，并利用温室种植和机械化生产等技术不断提高胡萝卜的产量。为了食用更方便，人们不仅把胡萝卜直接出售，还会把它加工成胡萝卜罐头、胡萝卜汁、胡萝卜泥、胡萝卜速冻蔬菜等各种胡萝卜制品。如今，中国已成为全世界胡萝卜第一生产国和主要出口国。

胡萝卜的成长日记

　　胡萝卜是怎么成长的呢？胡萝卜靠种子来播种，基本上一年四季都可以种植。不过，一般露天播种的最佳时间为 7 月初到 8 月中旬之间。在合适的时间播种既省时省力，又能有好的收成。

给种子安好家

　　家是成长的港湾，无论胡萝卜在哪里安家，提前做好准备工作都是很重要的一件事。种胡萝卜首先要疏松土壤，施肥晾晒。因为胡萝卜是深根系植物，为了防止滋生杂草，所以土壤要深翻 30 厘米以上，这样不但有利于根部生长，还能清除杂草。其次，还要将平整的土地做成垄，以方便种子在这里安家。

7 月 15 日

　　我今天入住了新家，可是我太困了，还没来得及参观就呼呼大睡起来！

将种子播种到土里

人工播种时，农民们先用3根手指在垄上挖3个小洞，然后在每个洞里放入2粒种子，再用土盖上，并用手掌将土压实，最后浇足量的水，就这样将所有的种子都撒播到一排排的垄里。在大面积种植时，人们会使用胡萝卜播种机将种子自动播种到土里，又快又方便。

机械播种

人工播种

种子的觉醒

一般7~10天后，种子就会发芽，嫩绿的小芽从土壤里冒出，是不是很神奇呢？

7月25日

这一觉睡得好香啊！今天终于醒了。咦？看，我的身体上不但长出了根，还冒出了绿色的小芽！哈，真开心啊！

给幼苗提供舒适的空间

很快，胡萝卜幼苗就密密麻麻地长满了田地，看它们绿绿的叶子互相拥挤在一起，是不是很热闹呢？不过，这样的"亲密无间"对于幼苗的成长可不是好事。因为，胡萝卜是一种喜光怕阴的作物，充足的阳光对于它们来说非常重要。如果幼苗相互拥挤，就会导致光照不足，从而严重影响胡萝卜的生长发育。

所以，当幼苗长出1到2片叶子时，就要进行第一次间苗。所谓间苗，就是将过密的苗、长害虫的苗、长势不好的苗拔除掉，从而保持每株幼苗间距在3~5厘米，这样它们才可以在舒适的空间内长得更高更好。

7到10天后，幼苗长得更高一点儿了，此时要进行第二次间苗，重点将那些拥挤在一起的幼苗挑选出来拔除，保持株距在7~10厘米。就这样，以后还要不定期地进行2至3次间苗，最后留下来的幼苗要保持株距在10~15厘米之间。

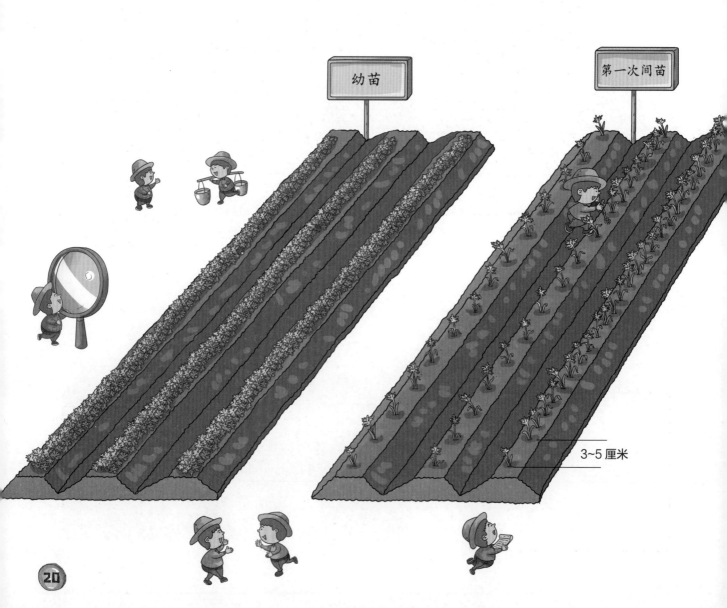

幼苗

第一次间苗

3~5厘米

8月25日

我现在已经长成一棵幼苗了，看，我的叶子绿油油的多可爱！我和小伙伴们每天住在一起很热闹，就是有点挤。今天，我们参加了第一次"间苗考试"，那些生病的、柔弱的和长得太旺盛的幼苗都被淘汰掉了。还好，我很顺利地通过了考试哦！

长得太差
不行！

保持中上等水平
是最好的！

长得太好
也不行！

小贴士 胡萝卜叶子可以吃吗？

可以吃。间苗时拔掉的胡萝卜叶子又嫩又软，用水焯后炒着吃，味道很不错呢。而且，胡萝卜叶子中含有的维生素C、蛋白质、钙的含量比胡萝卜还高，非常有营养。

第二次间苗

最后一次间苗

7~10 厘米

10~15 厘米

成长的烦恼

在接下来的日子里，农民伯伯会定期给胡萝卜浇水、施肥、培土。慢慢地，胡萝卜的根部越长越大。不过，想要种出形状好看、颜色漂亮的胡萝卜，可不是那么容易的事。因为，在胡萝卜的成长过程中，它们不仅会遇到虫害、病害，还有可能出现根部开裂、畸形等各种状况。现在，就让我们去看看那些胡萝卜成长的烦恼吧！

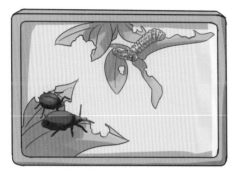  

害虫

看！这就是危害我们胡萝卜家族的害虫——蚜虫和金凤蝶的幼虫，它们常常吃掉我们的茎叶和花蕊。除了它们，还有一些地下害虫也会咬食我们的根部。为此，农民们不得不用手或镊子等工具将它们除掉，或者喷洒药物来防治。

黑斑病

播种2个月后，如果肥料不足，我们就容易得黑斑病。此时，叶子和叶柄上会长出褐色或黑褐色的斑点。斑点逐渐变大，叶子会像被火烤过一样黑，并且卷曲起来。叶柄和茎也会变得很脆弱。这时候，需要及时给我们施肥。

腐烂病

这是我们胡萝卜最害怕得的一种病，它主要是由土壤中繁殖的根腐菌引起的。开始，根的表面会长出米粒大小的小坑，伴随有褐色的斑点，中央部分还会出现纵向裂痕。最后，我们的根会全部腐烂。腐烂病真是太可怕了！

9 月 15 日

好想快快长大！于是，我每天都在努力地喝水、晒太阳、长个子。可是，最近我遇到了不少麻烦，先是跟死对头蚜虫大战了一场，后来又不幸生了场大病。多亏农民伯伯的细心照料，我才恢复了健康！看来，长大也不是件容易的事情，真希望自己能够变得更强壮！

"青脖子"病

随着我们的根部不断生长，根部上方会略微长出地面。露出地面的部分接受到太阳光后，就会合成叶绿素，变成绿色。此时我们就会得"青脖子"病。虽然不影响食用，但是这种颜色会让我们在菜市场不受欢迎。

裂根

人类把我们根部开裂的状况叫作"裂根"。在我们叶子的生长过程中，如果土壤干燥或温度很低的话，就容易产生裂根。快收获时，雨水过多也会导致我们的根部急剧变大，造成裂根。

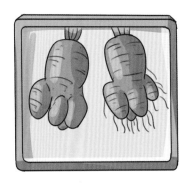

歧根

我们的根部在土壤中一旦生长受阻，为了弥补受阻的根，就会长出其他的分根，从而导致根部变粗、变畸形。人类把我们的这种状况叫作"歧根"。

收获的季节

　　播种后两个月，胡萝卜的根部会飞速地成长，颜色也会根据不同品种逐渐变成鲜艳的橙色、红色等各种颜色，但此时农民伯伯们还不能收获胡萝卜。一般来说，胡萝卜的收获期是在播种后 110 到 120 天。等时机到时，人们首先要先试着拔出一根胡萝卜，看看它的根部发育到什么程度。如果胡萝卜根部丰满、颜色鲜艳，那就说明它们可以被采收啦！

　　此时，农民伯伯们就会忙碌起来。他们首先用手将胡萝卜连着叶子一起从地里拔出来，然后摆成一排，等待着打包运走。绿色的田地里，一排排鲜艳的胡萝卜铺展开来，就像一层层海浪，看上去非常壮观！

在面积很大的胡萝卜种植基地，人们会使用大型机械来收获胡萝卜。随着收割车辆前进，一排排胡萝卜被机器的长臂从土里拔起，然后被整整齐齐地切掉叶子，通过运输带运送到上方存储仓。当车上的存储仓装满后，胡萝卜就会被卸载到一边等待的卡车上。

11月5日

今天是我的成人典礼，我终于长大了！回想自己的成长经历，为了让我们健康长大，农民伯伯付出了辛勤和汗水！现在，我即将离开故乡，去到更远的地方，去看更多更美的风景！

花开了，采摘种子！

你知道吗？为了采收胡萝卜的种子，人们会让一些胡萝卜一直在地里生长到第二年的6月。到了冬天，胡萝卜的叶子和茎会因受寒而慢慢枯萎，但它的根会在地下慢慢长大。正因如此，从第一年的12月到第二年的3月这段时间，人们仍然能在田里随时采收并吃到新鲜的胡萝卜。

到了第二年3月，胡萝卜长出新的叶子时，它的味道就会变差。此时，茎开始迅速伸长，又称为抽薹(tái)。到了5月，胡萝卜茎上的白色小花朵就会一簇簇聚在一起竞相开放。一根花茎上有几十个小花盘。每一个小花盘上开着几十朵小白花，花上生长着胡萝卜种子。每朵小花5个花瓣，或直或曲，或弓或弯，大大小小，十分美丽！

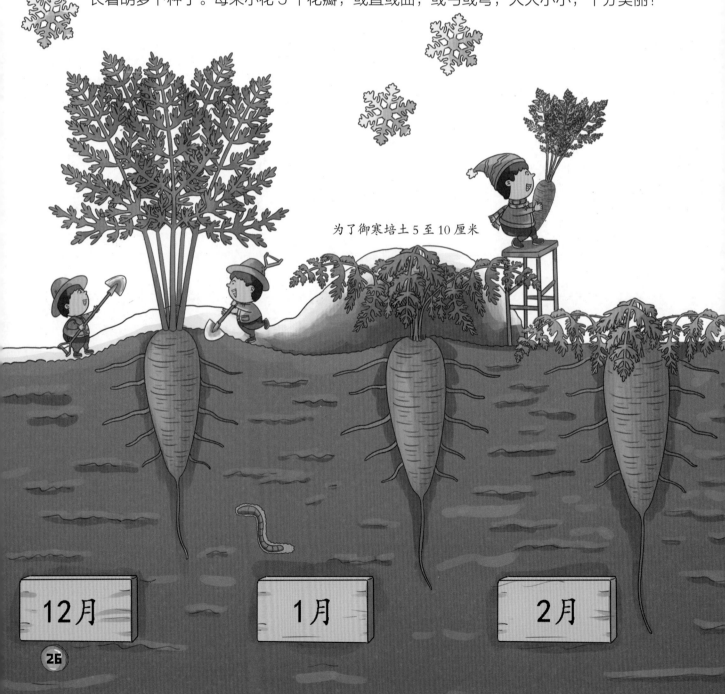

为了御寒培土5至10厘米

12月

1月

2月

为了获得好的种子，人们会提前摘掉茎的尖端和分枝。这样一来，在6月，人们就可以获得饱满的胡萝卜种子了。

主茎长到50厘米时，就要摘掉它的尖端

从长在小枝条尖端的花中获得种子

小贴士 胡萝卜种子

你知道吗？胡萝卜种子表面长着很多刺毛。在种子完全成熟之前，刺毛中会含有许多抑制发芽的物质，让种子发芽变得很困难。因此，播种胡萝卜前应将种子上的刺毛搓去。市场上出售的胡萝卜种子都是去掉刺毛的。

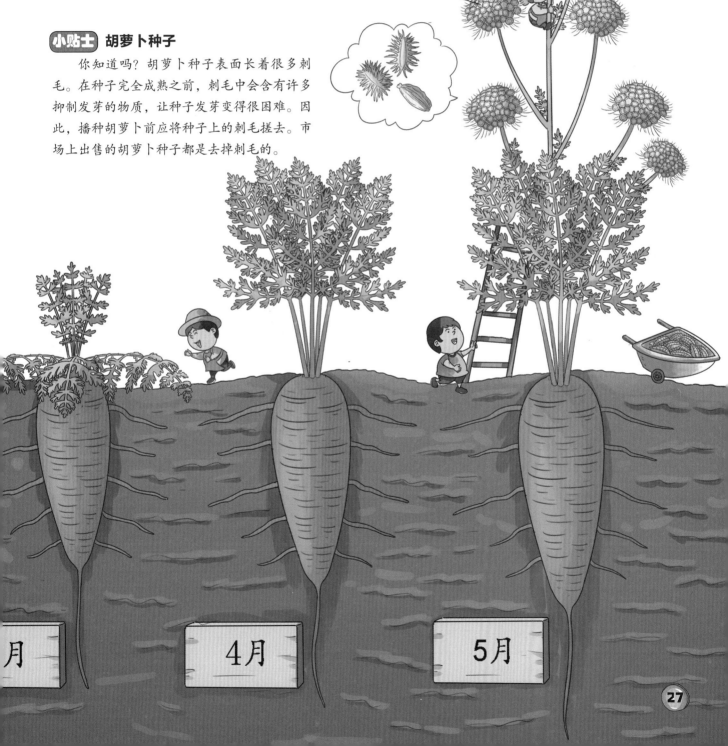

3月 4月 5月

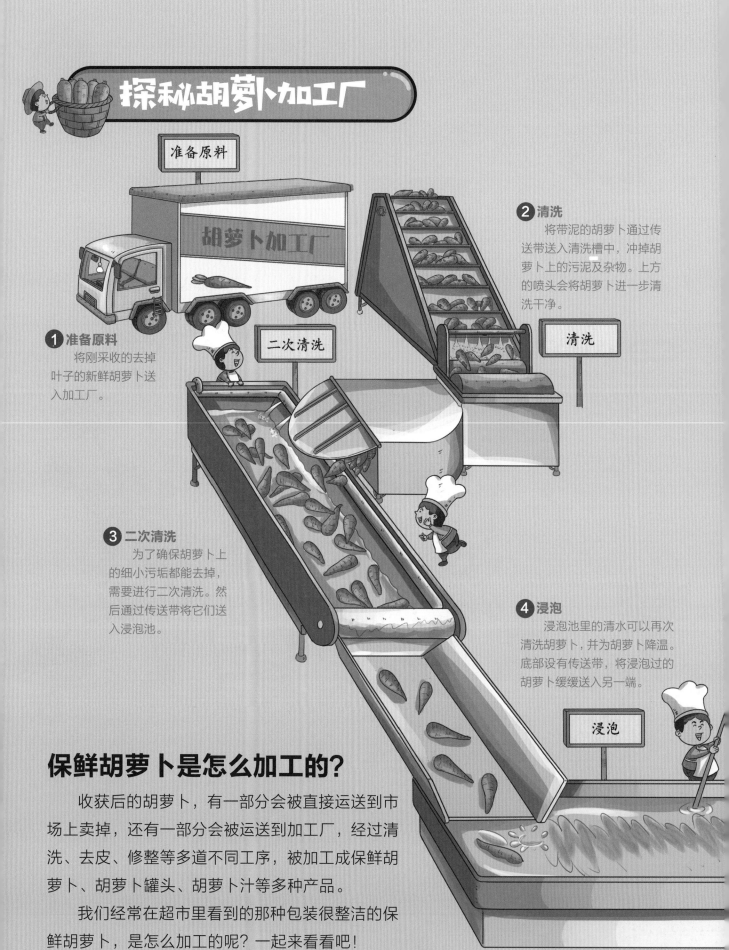

探秘胡萝卜加工厂

准备原料

① 准备原料
将刚采收的去掉叶子的新鲜胡萝卜送入加工厂。

二次清洗

② 清洗
将带泥的胡萝卜通过传送带送入清洗槽中，冲掉胡萝卜上的污泥及杂物。上方的喷头会将胡萝卜进一步清洗干净。

清洗

③ 二次清洗
为了确保胡萝卜上的细小污垢都能去掉，需要进行二次清洗。然后通过传送带将它们送入浸泡池。

④ 浸泡
浸泡池里的清水可以再次清洗胡萝卜，并为胡萝卜降温。底部设有传送带，将浸泡过的胡萝卜缓缓送入另一端。

浸泡

保鲜胡萝卜是怎么加工的？

收获后的胡萝卜，有一部分会被直接运送到市场上卖掉，还有一部分会被运送到加工厂，经过清洗、去皮、修整等多道不同工序，被加工成保鲜胡萝卜、胡萝卜罐头、胡萝卜汁等多种产品。

我们经常在超市里看到的那种包装很整洁的保鲜胡萝卜，是怎么加工的呢？一起来看看吧！

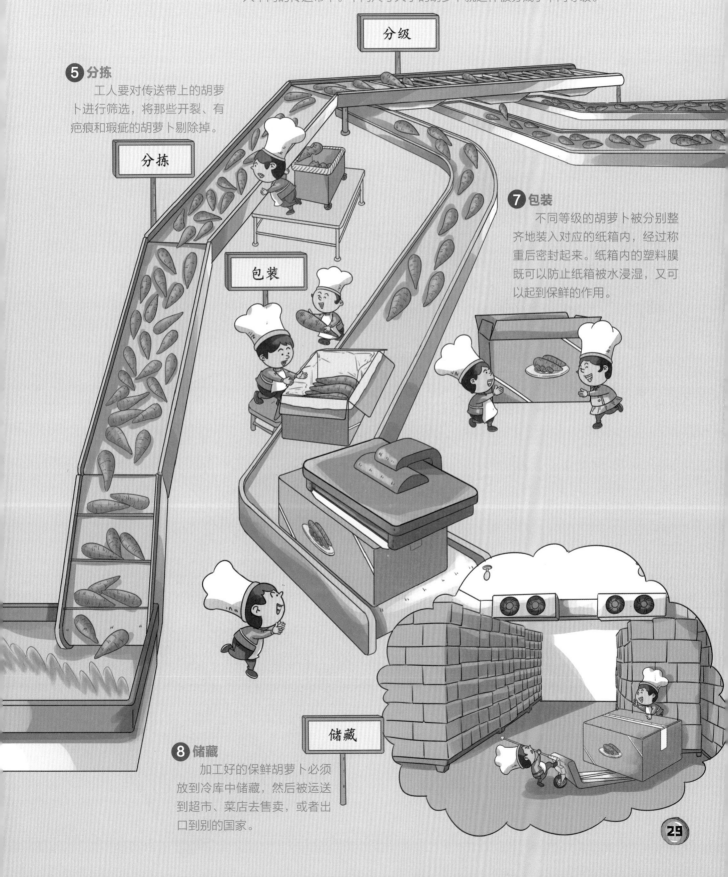

6 分级

　　剩下的胡萝卜进入到滚轴式分级机中，通过间隙不断变宽的滚轴，落入不同的传送带中。不同尺寸大小的胡萝卜就这样被分成了不同等级。

分级

5 分拣

　　工人要对传送带上的胡萝卜进行筛选，将那些开裂、有疤痕和瑕疵的胡萝卜剔除掉。

分拣

7 包装

　　不同等级的胡萝卜被分别整齐地装入对应的纸箱内，经过称重后密封起来。纸箱内的塑料膜既可以防止纸箱被水浸湿，又可以起到保鲜的作用。

包装

8 储藏

　　加工好的保鲜胡萝卜必须放到冷库中储藏，然后被运送到超市、菜店去售卖，或者出口到别的国家。

储藏

29

胡萝卜罐头是怎么做的?

你知道吗?胡萝卜还可以做成胡萝卜罐头。虽然新鲜的胡萝卜很美味,但一些外国人却很喜欢吃做成罐头的胡萝卜。胡萝卜罐头不但可以直接吃,还可以作为食材和其他食物一起烹饪,非常方便。你知道胡萝卜罐头是怎么做成的吗?一起去看看吧!

❶清洗

将挑选出来的表皮光滑、去掉根须的胡萝卜倒入清洗槽中,经过多次洗刷,去掉胡萝卜上的污泥和杂物。

❷去皮

洗净的胡萝卜顺着传送带,一根一根排列着运往削皮机中。胡萝卜在削皮机旋转的滚轮中前进时,被削皮刀轻松地去除掉外皮。

❸分类

因为胡萝卜大小不同,所以需要分级加工。首先,将又小又嫩的胡萝卜挑出,它们可以被加工成整条的胡萝卜罐头;而那些个头较大的胡萝卜,则需要被送往切分车间单独加工。

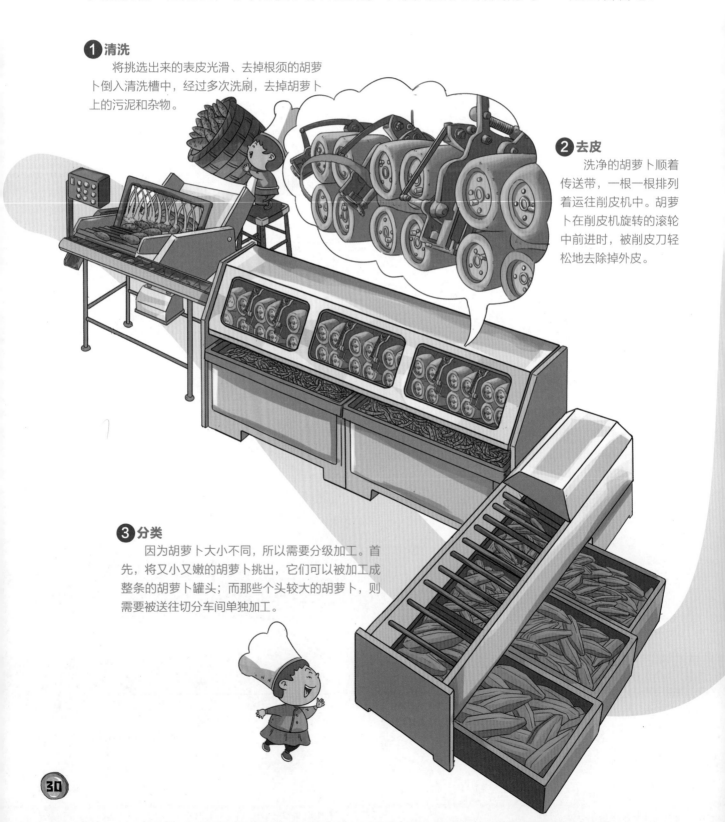

④ 切分

那些个头较大的胡萝卜，按照规格被切分成胡萝卜条或胡萝卜丁。

⑤ 预煮

将整条的胡萝卜或胡萝卜条、胡萝卜丁倒入装有柠檬酸乳液的大锅中熬煮5分钟，然后立即在冷水中降温。

⑥ 调配汤汁

在容器里分别按比例倒入清水和盐，煮沸后就是罐头的汤汁了。

⑦ 装罐

将整条的胡萝卜或胡萝卜条、胡萝卜丁分别装入对应的容器中，并装满盐水汤汁。

整条胡萝卜　　胡萝卜条

⑧ 密封

真空封装机可以将罐头内的空气抽走，并将盖子密封起来。

⑨ 杀菌

为罐头加热，杀掉里面的细菌，然后用冷水冷却罐头。

⑩ 包装

为罐头贴上食品标签，并打包装箱。美味的胡萝卜罐头这就做好了！

胡萝卜汁是怎么做的?

胡萝卜汁是用新鲜的胡萝卜为原料,通过一系列工艺制成的饮品。由于在风味和营养上十分接近于新鲜原料,所以它不但口感很好,营养也很丰富。

2 去皮
清洗干净的胡萝卜被运送到碱液池中。熬煮几分钟后,等它们的表皮被去掉后,用清水冲洗干净。

1 清洗
将挑选好的胡萝卜倒入清洗池中,利用清洗机将胡萝卜的污泥、杂物清洗干净。

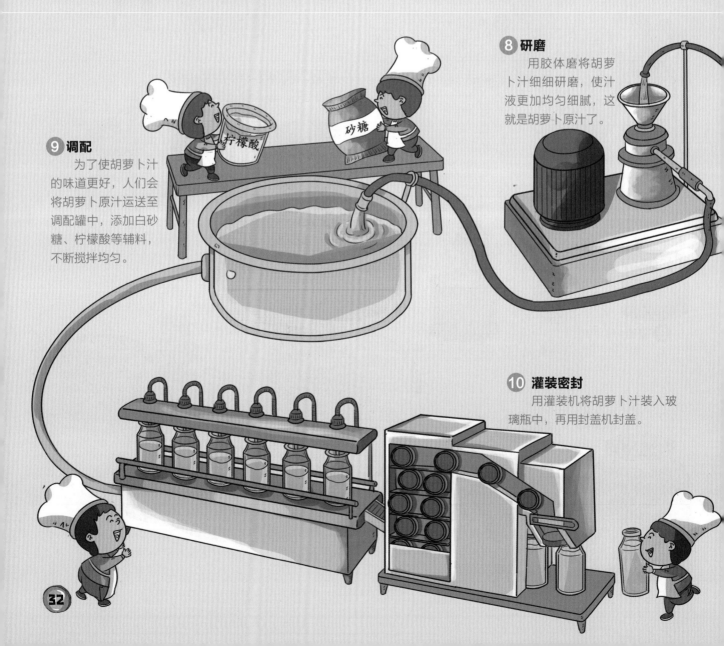

8 研磨
用胶体磨将胡萝卜汁细细研磨,使汁液更加均匀细腻,这就是胡萝卜原汁了。

9 调配
为了使胡萝卜汁的味道更好,人们会将胡萝卜原汁运送至调配罐中,添加白砂糖、柠檬酸等辅料,不断搅拌均匀。

10 灌装密封
用灌装机将胡萝卜汁装入玻璃瓶中,再用封盖机封盖。

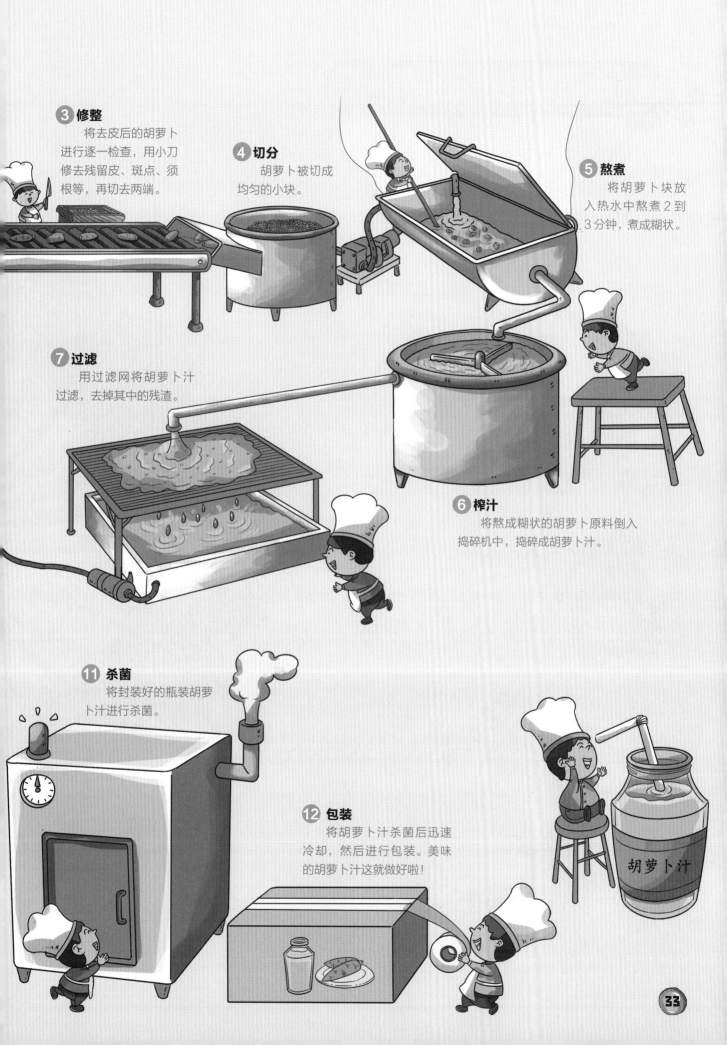

3 修整
　将去皮后的胡萝卜进行逐一检查，用小刀修去残留皮、斑点、须根等，再切去两端。

4 切分
　胡萝卜被切成均匀的小块。

5 熬煮
　将胡萝卜块放入热水中熬煮2到3分钟，煮成糊状。

7 过滤
　用过滤网将胡萝卜汁过滤，去掉其中的残渣。

6 榨汁
　将熬成糊状的胡萝卜原料倒入捣碎机中，捣碎成胡萝卜汁。

11 杀菌
　将封装好的瓶装胡萝卜汁进行杀菌。

12 包装
　将胡萝卜汁杀菌后迅速冷却，然后进行包装。美味的胡萝卜汁这就做好啦！

胡萝卜汁

多姿多彩的胡萝卜

你知道吗？经过人们不断地培育出新的品种，胡萝卜的种类已经数不胜数。它们不但形状各异，而且颜色丰富多彩。从锥形、长根形、圆形等各种形状，到白色、黄色、紫色等各类颜色，形形色色的胡萝卜聚在一起，简直让人惊叹！

紫色胡萝卜

　　这种里外都为紫色的胡萝卜，其颜色源于它含有的丰富的花青素。它具有强烈的甜味，但有时也会有辛辣的味道。这种胡萝卜最好生吃，但也可以蒸、煮、烤或榨汁。

　　这种外皮紫色、内里橙色的胡萝卜，口感十分好，又脆又甜，可以直接当水果生吃。它的花青素含量没有纯紫色的高。

白色胡萝卜

　　想不到吧，这种白色的胡萝卜竟然真的存在！最神奇的是，这种白色胡萝卜不含胡萝卜素。它纤维较多，甜味适中。

橙色胡萝卜

　　最常见的胡萝卜品种，长度在15~20厘米，颜色是最普遍的橙色。

迷你胡萝卜

　　大约10厘米长，人们一般喜欢生吃它。它没有独特的气味，常会被用来制作沙拉。

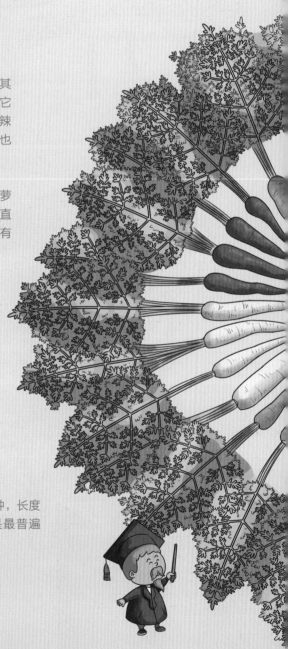

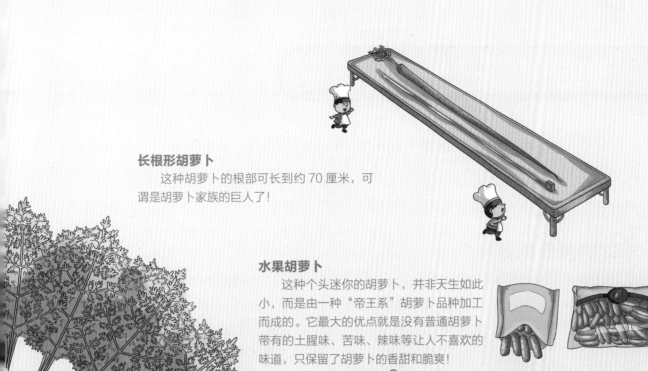

长根形胡萝卜

这种胡萝卜的根部可长到约 70 厘米，可谓是胡萝卜家族的巨人了！

水果胡萝卜

这种个头迷你的胡萝卜，并非天生如此小，而是由一种"帝王系"胡萝卜品种加工而成的。它最大的优点就是没有普通胡萝卜带有的土腥味、苦味、辣味等让人不喜欢的味道，只保留了胡萝卜的香甜和脆爽！

"帝王系"胡萝卜

水果胡萝卜

金时胡萝卜

这种胡萝卜在日本很流行，它有着鲜艳的红色，长度可达 30 厘米左右。它的根部所含的色素成分和西红柿、西瓜中的相似，以番茄红素为主，但也有大量的胡萝卜素。它味道甘甜，日本人喜欢用它来制作冬季"煮物"，或在过年时将它雕刻成梅花形状以求来年好运。

圆形胡萝卜

这个品种的胡萝卜在法国很受欢迎，很脆，很甜。它适合花园种植，对土壤要求不高。

黄色胡萝卜

这种名为"岛胡萝卜"的黄色胡萝卜，根长30~40 厘米，呈细长形。根中色素虽有番茄红素，但量很少，因此它的根是黄色的。味甜，可以煮着或炒着吃。

胡萝卜是天然营养师

　　有些小朋友因为不喜欢胡萝卜的味道而拒绝吃胡萝卜。但是，你知道吗？营养丰富的胡萝卜，是一种对我们的身体十分有益的蔬菜。它就像保护我们身体健康的营养师，为我们的心脏、血管、肠道等器官提供多种营养成分。

丰富的营养成分

　　在众多蔬菜中，胡萝卜的营养价值可谓出类拔萃，素有"小人参"的美誉。它富含糖类、脂肪、胡萝卜素、维生素 A、维生素 B1、维生素 B2、维生素 C、维生素 E 及花青素、钙、铁等多种营养成分。

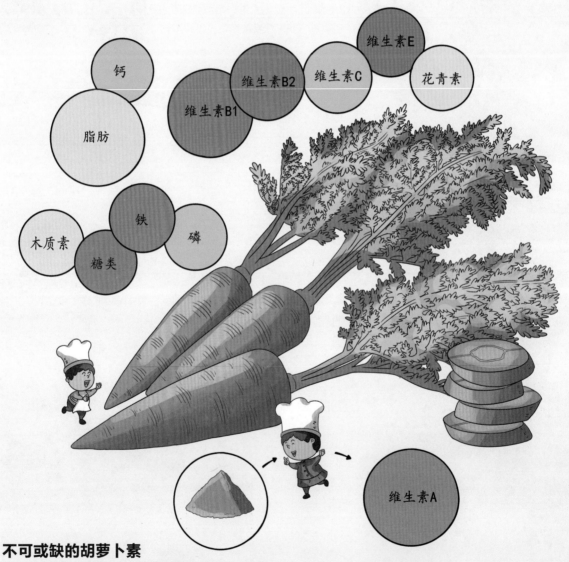

不可或缺的胡萝卜素

　　胡萝卜中含有大量的胡萝卜素，远比大多数蔬菜水果要多。而这些胡萝卜素又分很多种，其中 β－胡萝卜素的含量最高。胡萝卜素对人体健康十分有益，摄入人体消化器官后，它可以转化成维生素 A。维生素 A 使我们的皮肤和头发保持健康，有助于牙齿生长，还能维持眼睛的健康，帮助我们改善干眼、视力减退等状况。

增强免疫功能

胡萝卜中的木质素，能够提高我们身体的免疫力。

让眼睛明亮

常吃胡萝卜有助于加强眼睛的辨色能力，改善眼睛疲劳干燥的状况。

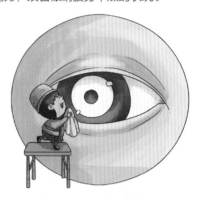

延缓衰老

胡萝卜素能帮助细胞减缓老化，促进皮肤新陈代谢，让皮肤细嫩光滑。

保护心血管健康

吃胡萝卜可以促进新陈代谢、增进血液循环，保护心脏和血管的健康。美国科学家研究证实常吃胡萝卜有助于预防心脏疾病。

常吃胡萝卜
对身体有什么好处?

促进肠道健康

胡萝卜中的植物纤维可以促进肠道蠕动，通便润肠。

预防癌症

胡萝卜素能帮助抑制食物中的致癌物质——亚硝胺，因而具有防癌、抗癌的功能。

美味诱人的胡萝卜美食

营养丰富的胡萝卜，在世界各地都很受欢迎。人们不仅生吃胡萝卜，更将其做成各种各样的美食，既营养健康又美味诱人！现在，我们就去看看各种胡萝卜美食吧！

玉米胡萝卜排骨汤

胡萝卜和玉米、排骨一起煮汤，既清淡可口，又营养丰富。

鱼香肉丝

这是人们很喜欢吃的一道川菜，胡萝卜是很多厨师在做这道菜时常会选用的重要食材。

胡萝卜素丸子

将胡萝卜剁碎后和鸡蛋、面粉等原料混在一起做成的油炸丸子，金黄酥脆，非常好吃。

胡萝卜馅饺子

将胡萝卜和肉类剁碎后包的饺子，是很多人都喜欢吃的一种主食。

胡萝卜鸡蛋饼

胡萝卜丝搭配鸡蛋和面粉做成的这道面食，不但做法简单，而且颜色诱人、口感柔软，营养也很丰富。

意式牛奶胡萝卜

这一款意式牛奶胡萝卜，制作起来非常简单。成品口味香甜，营养丰富。

咖喱

在各种咖喱菜肴中，我们常能发现胡萝卜的身影。

胡萝卜蛋糕

欧洲人很喜欢吃胡萝卜做成的甜点，比如胡萝卜面包或蛋糕。在做蛋糕时放入胡萝卜，健康又美味，是下午茶或早餐的不错选择。

蜂蜜烤胡萝卜

这是一道常见的西餐配菜，经过烤制的胡萝卜口感会变得软糯，配上香甜的蜂蜜，十分美味！

摩洛哥胡萝卜沙拉

胡萝卜和鲜枣、香菜、辣椒等食材一起做成的沙拉，又甜又辣，十分可口。

自制胡萝卜美食——烤胡萝卜干

看了这么多胡萝卜美食，你是不是已经垂涎欲滴了？可惜的是，有很多小朋友都不太喜欢胡萝卜特殊的味道。胡萝卜要怎么做才能又健康又美味呢？不妨把它做成烤胡萝卜干吧！这种胡萝卜做成的零食既味道香甜又口感酥脆！现在，就来和爸爸妈妈一起试试吧！

原料

胡萝卜 1 根

烤箱用油纸

冰糖 50 克

水 100 克

制作步骤

1 将胡萝卜用水冲洗干净，然后去掉表皮。

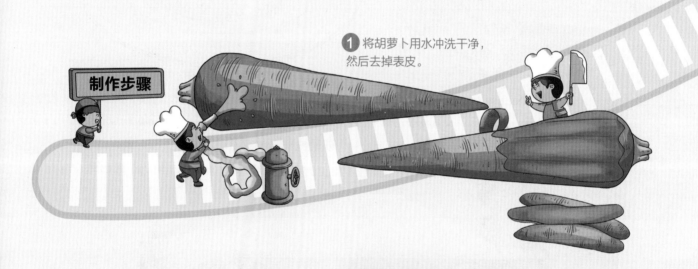

7 看，胡萝卜表面已经被烘干了！将它取出晾凉，就可以品尝美味的烤胡萝卜干了！你还可以把它装进盒子里，包装好送给别人做礼物哦！是不是很有成就感呢？

2 将胡萝卜切成薄片，放入碗里。这项工作小朋友最好请大人们帮忙，避免刀子弄伤自己。

3 将胡萝卜放入锅里，加入水和冰糖熬煮。

4 等冰糖溶化后，将火调小，熬至糖汁收干。

5 在烤盘中垫上油纸，把胡萝卜片放入烤盘里摆好。

6 将烤盘放入烤箱，低温烘烤 2 小时左右。

2小时

胡萝卜大发现

约 4000 多年前

野生胡萝卜

在今天的阿富汗一带，很早就生长着一种野生胡萝卜。它如杂草般生长在山间野地，细细的根部看起来就像一根干柴，外观纤细，味道辛辣。

公元 9~10 世纪

蔬菜胡萝卜

最早的野生胡萝卜是白色或淡黄色的，根本没有橙色。后来，在今天的阿富汗一带，野生胡萝卜被驯化成了一种蔬菜胡萝卜。不过，这种胡萝卜的颜色发生了很大改变，变成了紫色，不过偶尔也会见到黄色的。

公元 10~15 世纪

西洋胡萝卜

公元 10 世纪，胡萝卜从伊朗被引入欧洲大陆，逐渐发展成短圆锥形的胡萝卜，又称西洋胡萝卜。

2002 年

彩虹萝卜

"彩虹萝卜"是一系列彩色胡萝卜的简称。它们是由英国埃尔汉生鲜蔬果公司培育出的一系列彩色胡萝卜品种。它们不仅颜色丰富，从紫到黄一应俱全，而且味道也比传统胡萝卜甜很多，上市后很受欢迎。

21 世纪

中国成胡萝卜生产大国

随着科技的进步，人们培育出了更多优秀的胡萝卜品种，并利用温室种植和机械化生产等技术来不断提高胡萝卜的产量。如今，中国已成为世界胡萝卜第一生产国和主要出口国。

1987 年

世界胡萝卜日

1987 年，第三十九届世界卫生大会提名建立"世界胡萝卜日"，以强调胡萝卜给人类健康带来的贡献。于是，之后每年的世界胡萝卜日，世界上很多地方的人们都会围绕胡萝卜举办各种庆祝活动。

公元 13~14 世纪

东洋胡萝卜

胡萝卜传入中国，起初人们只是把它当作一种药用植物，后来才作为蔬菜来种植，并逐渐选育出了黄、红两种颜色的、长根形的东洋胡萝卜。

公元 16 世纪

胡萝卜叶子曾是贵妇的头饰

胡萝卜叶子细长，一簇簇的样子看起来很美。在 16 世纪伊丽莎白时代的英国，贵妇们钟爱用胡萝卜叶子而非鸟的羽毛来装饰头发，并把这看作是一种时尚。

公元 17 世纪

橙色胡萝卜

荷兰人从黄色胡萝卜中选育出了橙色胡萝卜，并开始在荷兰栽培，随后将它传入世界各地。慢慢地，橙色胡萝卜就成为最常见的胡萝卜品种了。

20 世纪 40 年代

胡萝卜成英国重要食物

"二战"期间，因为食物缺乏，之前被用来喂养动物的胡萝卜由于产量充足又廉价，成为了英国人重要的食物来源。于是，英国兴起了种植胡萝卜的热潮。这股热潮后来影响到了全世界。

1940 年

兔八哥爱吃胡萝卜

《兔八哥》是 1940 年上映的一部动画片。片中聪明机智又爱惹是生非的兔子，曾经风靡一时。尤其是兔八哥嚼胡萝卜的画面，尤其令人印象深刻，这也导致很多人形成了兔子爱吃胡萝卜的误解。实际上，胡萝卜并不是兔子的最佳食物。吃太多胡萝卜会导致兔子肥胖，甚至会引起它们的消化道疾病。

1831 年

胡萝卜素

化学家通过实验从胡萝卜中分离出了一种黄色的天然物质，并将它命名为"胡萝卜素"。胡萝卜素是不是只有胡萝卜中才有呢？并不是！胡萝卜素不是胡萝卜的专利，很多深色的水果或者蔬菜中都含有胡萝卜素。

你不知道的胡萝卜世界

世界上最重的胡萝卜

2017 年，在美国明尼苏达州，一位男子在自家菜园里种出了一根长约 0.61 米、重达 10.17 千克的巨型胡萝卜，打破了当时胡萝卜重量的世界纪录。

戴钻戒的胡萝卜

加拿大艾伯塔省一位老奶奶曾在多年前丢失了一枚钻戒，多年后，与家人在自家农场收胡萝卜时，他们意外发现丢失的钻戒竟然"长"在了一根胡萝卜上！

袋鼠不能多吃胡萝卜

你知道吗？胡萝卜对常年吃草的袋鼠来说可不是健康的食品。对于袋鼠而言，胡萝卜糖分过高，一旦吃过就会很容易上瘾。吃太多胡萝卜不但会导致它们发胖，还很可能会让它们患上慢性疾病。

吃太多胡萝卜会让皮肤变黄？

千真万确。如果短时间内吃太多胡萝卜，摄入的胡萝卜素大量进入血液，就会让你的皮肤变黄。不过这只是"面子问题"，并不会影响健康。只要暂时不吃胡萝卜和其他富含胡萝卜素的蔬菜水果（比如橘子、南瓜等），过一两周，皮肤的颜色就能渐渐淡去。

最长的胡萝卜

一项吉尼斯世界纪录显示，世界上最长的胡萝卜的长度达 6.245 米，立起来大概有两层楼那么高呢！

恩爱的胡萝卜

一位日本主妇在自家的家庭菜园里，发现了两根造型独特的胡萝卜。它们长在一起的姿态，看起来就像是一对爱人用双臂拥抱住对方一样。